奇迹天工

QIJITIANGONG

创造 是中国存续千秋的水墨
令人类尽享文明荣耀

水墨图说

中国古代发明创造

〔指南针〕

周四红 /编著

天津出版传媒集团

天津教育出版社

TIANJIN EDUCATION PRESS

图书在版编目(CIP)数据

指南针／周四红编著. —天津：天津教育出版社，
2014.1（2016 年 12 重印）
（奇迹天工:水墨图说中国古代发明创造）
ISBN 978－7－5309－7405－6

Ⅰ.①指… Ⅱ.①周… Ⅲ.①指南针—技术史—中国
—古代—青年读物②指南针—技术史—中国—古代—少年
读物 Ⅳ.①TH75－092

中国版本图书馆 CIP 数据核字（2013）第 257472 号

指南针
奇迹天工:水墨图说中国古代发明创造

出 版 人	刘志刚
作 者	周四红
选题策划	袁 颖 王艳超
责任编辑	王艳超 曾 萱
装帧设计	郭亚非
出版发行	天津出版传媒集团 天津教育出版社 天津市和平区西康路 35 号 邮政编码 300051 http://www.tjeph.com.cn
印 刷	永清县晔盛亚胶印有限公司
版 次	2014 年 1 月第 1 版
印 次	2016 年 12 月第 2 次印刷
规 格	16 开（787×1092）
字 数	35 千字
印 张	6
定 价	13.80 元

　　指南针是中国古代灿烂辉煌的四大发明之一。指南针的发明源于我们的祖先在长期生产劳动中对磁铁矿的认识。

　　指南针是利用磁铁在地球磁场中的南北指极性而制成的一种指向仪器。早在远古时期战国，中国先民用天然磁石制成指示方向的司南。三国时期，魏国人马钧利用磁铁和差速齿轮制造了指南车。宋代科学家沈括在他的论著《梦溪笔谈》中记录了制作指向用磁针的方法。再后来，早期指南针又发展成磁针和方位盘联成一体的罗盘。到了北宋后期，指南针已用于航海；南宋时，已使用针盘导航。指南针的发明，对于世界航海事业的发展和经济文化的交流，具有深远的影响和重大意义。

目 录
CONTENTS

指南针的起源

磁石

磁石的传说

　　据中国古书记载，远在春秋战国时期，随着农业生产活动的不断拓展，为了提高劳动生产效率，人们需要用铁来制造大量的农具。于是，采铁矿业空前繁荣。

　　我们的祖先在寻找铁矿的过程中，发现了一种神秘的石头，这种石头具有很特殊的功能：一些东西一见到它，就会"情不自禁"地跑到它的面前并与它紧紧地"拥抱"在一起，且很难将它

们分开。我们的祖先给这种神秘的石头起了一个很好听的名字——磁石。

在古代，科技文化水平不高，对自然现象的认识也非常肤浅。最早认识到磁石能吸附像铁之类金属的人，根据磁石的这一特点，将其用于战争，并赢得了战争的胜利；而那些不明真相的人，每每看到磁石能吸附东西，就感到十分恐惧，误以为磁石本身有魔法。

这里讲述三个与磁石有关的故事，希望你能从中感悟到我们的祖先对磁石的认识之深以及他们的聪明才智。

秦始皇巧用磁石防刺客

春秋战国时期，秦王嬴政通过多年的努力，分别战胜了韩国、赵国、燕国、魏国、楚国和齐国，最后统一了中国。因为秦始皇灭掉了六国，作为亡国奴的六国人总

是想方设法要刺杀秦始皇，为自己的国家报仇雪恨。

　　秦始皇为了防止这些人对他的刺杀，在建造自己的皇宫——阿房宫时，命工匠将其中的一扇宫门用磁石建造。

　　这样，一旦有佩带铁质兵器进入阿房宫的人，在穿过宫门时，兵器就会被牢牢地吸附到门上去。于是，保卫秦始皇的卫兵就能轻而易举地将这些人当场捕获。

　　据说，当时有许多前去刺杀秦始皇的六国英雄好汉，就是这样被秦始皇抓住了。因为在秦朝的时候，剑和刀都是用铁打磨而成的，能吸附铁制品正是磁石的一个重要特性。

马隆智降群敌

　　据《晋书·马隆传》记载，晋将马隆利用磁石能吸

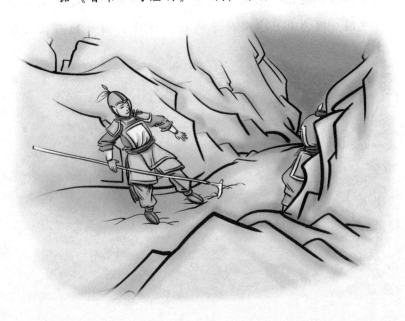

附铁制品的性质，没用一兵一卒，就让敌人乖乖地束手就擒。

有一年，晋将马隆率兵西进，当部队到达今甘肃省和陕西省交界时，探兵来报："敌人的士兵穿着铁甲防身。"根据这一情况，马隆立刻命令部队在敌人必经的一条狭窄的道路两旁，堆放了大量的磁石。

当穿着铁甲的敌兵通过这条狭窄的道路时，立刻被牢牢地吸在道路两旁的磁石上，动弹不得，顿时丧失了战斗力。这时马隆的部队突然出现在敌人的面前，将敌兵全部活捉。

被俘的敌兵感到十分纳闷："马隆的士兵看上去穿的与我们完全一样，为什么我们动弹不得，可他们却活动自如？"原来，马隆的士兵穿的是犀牛皮做成的铠甲，磁石当然对这样的铠甲起不了任何作用。

栾大献斗棋取悦汉武帝

一提起汉武帝，人们无不称赞其雄才大略、文治武功。

然而，就是这样一位英明睿智的帝王，却被一位胶东的方士

明目张胆地蒙骗了。

　　这位胆敢蒙骗汉武帝的人叫栾大。

　　据说有一天，栾大带着一副棋来到京城。他来到皇宫门口告诉守门的卫兵说，自己有一副特别神奇的棋要献给汉武帝，棋子会自己相斗。

　　守门的卫兵不敢隐瞒此事，马上向上禀报。汉武帝听说有一种会自己斗起来的棋，好奇心大起。他立刻命人请栾大进宫，要求栾大当着众人的面，展示这副棋的神奇之处。

　　栾大将棋子一放到棋盘上，这些棋子就相互碰击，自动"斗"了起来。汉武帝看了非常惊奇，顿时龙心大悦，立刻封栾大为"五利将军"。

原来，栾大的棋子是用磁石做的。栾大利用磁石的磁性，做成了这副神奇的棋来取悦汉武帝，还幸运地取得了官位。

既然磁石这样神奇，那它到底是个什么东西呢？它又与指南针有什么关系呢？

磁石的成分及特性

人们通常把磁石称为"吸铁石"，它能将铁屑紧紧地吸附在一起。磁石的样子如下图所示。

磁石的主要成分是四氧化三铁，俗称"磁性氧化铁"，是具有磁性的黑色晶体，它所具有的磁性是在地球磁力影响下获得的。

磁石的磁性很奇特，每块磁石的磁性都聚集在磁石的两头，而磁石的中间部分则几乎没有磁性。磁石还有一个重要的特性就是"指极性"。极，指地球的南北极。有磁性的磁石两头叫磁极，一头是磁南极，一头是磁北极。所谓"指极性"，就是说磁石在静

止时，其一头指向地磁北极，一头指向地磁南极。

例如我们将一根棒状的磁石用细绳按左图所示的方法系紧，悬空，不管磁石怎样摆动，在它停下来之后，总是一头指向南方，一头指向北方。

这是为什么呢？原来，地球本身就是块大磁石，它有

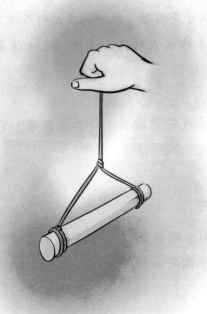

磁性和磁极。磁极在地球南北两端，即地磁南极和地磁北极。由于磁石有同性相斥、异性相吸的特点，所以磁石的磁南极就与地球的磁北极相互吸引，磁石的磁北极与地球的磁南极相互吸引。因此磁石的一头总是指向南方，而另一头总是指向北方。

司南

司南的结构

早在两千年前的战国时期，人们就利用磁石指示南北的

特性，制成了人类最早的指南仪器——司南。

司南由青铜地盘与磁勺组成。地盘内圆外方，中心圆面下凹；圆外盘面分层次铸有十天干、十二地支、四卦，标示二十四个方位。磁勺由天然磁体磨成，置于地盘中心圆内，静止时，因地磁作用，勺尾指向为南。

司南就是世界上最早出现的指南针，是指南针的始祖。司南的出现，是我国劳动人民对世界发展的一大贡献。

张衡最早使用"指南"一词

"指南"一词是我国东汉时期伟大的天文学家、发明家和地理学家张衡在《东京赋》中第一次提出来的。

以后经魏晋、南北朝、隋、唐，直到宋代，过了一千多年，指南针才逐渐发展起来。宋代杰出的科学家沈括在《梦

溪笔谈》中，对指南针在当时的发展状况作了详尽的论述。当时在生产和科学实验发展的推动下，特别是由于航海事业和外贸的兴起扩大，指南针才逐步发展起来。

司南不存在吗?

2006 年 1 月 11 日，人民网登出题为《国博藏"司南"复原件误解历史?》的文章。

"司南之杓，投之于地，其柢指南。"已故科技考古学家王振铎先生根据王充《论衡·是应篇》中的这十二个字，考证中国古代名为"司南"的勺形磁性指向器，并据此设计了司南复原模型，为中国国家博物馆所收藏。长期以来，司南一直被认为是中国古代科技史上的一项重大发现。

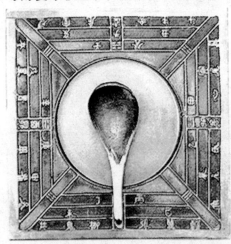

•王振铎据《论衡》等书记载并参照出土汉代地盘研究复制的司南模型——一种勺形磁性指向器，现藏于国家博物馆。目前国内的教科书和辞书都将司南等同于指南针，至少视作其前身或祖型。

然而近日，国家博物馆研究员孙机发表论文指出，司南并非一种勺形磁性指向器，在我国古代，司南指的其实是"司南车"或"指南车"。到底是"司南之杓"，还是"司南之酌"呢?

将司南理解为一种

磁性指向器是目前我国学界的主流说法。《辞海》"指南针"条目说："在战国时已有用天然磁铁矿琢磨成的指南针，称为司南。最早的记载见于《韩非子·有度》，其著作年代约在公元前3世纪。"《辞源》"司南"条目也说司南是"指南针、罗盘一类测定方向的器具"。

然而，长期以来，我国考古学界未有司南文物的发现，而古文献和古文物互相印证的研究方法，是目前学界的通行做法，因而，关于司南的造型存在不少争议。中国国家博物馆研究员孙机在2005年第4期的《中国历史文物》杂志上发表了一篇名为《简论"司南"兼及"司南佩"》的论文，再次对司南提出了质疑。

在接受记者采访时，孙机表示，中国的教科书、邮票、百科全书、《辞海》以及《辞源》都将司南等同于指南针，至少是其前身或祖型，这一认识是在王振铎先生制出司南模型后形成的。

王振铎制作司南模型的依据是东汉王充《论衡·是应篇》中"司南之杓，投之于地，其柢指南"这十二个字。他认为"杓"是勺柄，亦即"司南"之柄，从而推导出"司南形如勺"，进而造出了勺状模型，而"投之于地"中的"地"又是"地盘之地"，为铜质。根据此种解释，司南就是铜地盘（古代一种占筮工具）上放置的一个有磁性的勺。

对此，孙机表示，对古文献的考据应以距其年代最近的校本为准。王振铎引文的《论衡》版本，流传自明嘉靖年间，但是在更古的版本——前北平历史博物馆旧藏残宋本《论衡》

中，所见非为"司南之杓"，而是"司南之酌"。"酌"的意思是"行、用"，为动词。据此，这十二个字的解释应为：司南车之使用，放置在地上，它的横杆就指向南方之意。由此看来，通行本中作为王振铎立论之基础的"杓"，其实是一个误字。

天然磁石难造司南？

王振铎先生复原出的司南由青铜地盘与磁勺组成。磁勺因地磁作用，勺尾指向南方。那么，磁勺的磁性究竟是怎么产生的呢？孙机认为，天然磁石有磁矩，但很小。而且天然磁石怕震动，怕高温。

皮埃尔·居里就曾提出过"居里温度"（或称居里点、磁性转变点）的概念，指出当温度高于居里温度时，磁铁会消磁。而如果将天然磁石制作成勺状，其铸造过程中的震动和摩擦更会使它退磁。因此天然磁石是无法承担汉代司南主体之重任的。

孙机指出，我们所看到的国家博物馆内的司南是人工磁铁所制，这是一种以钨钢为基体的"人造条形磁铁"，制作出勺状的模型后，再绕上通电的线圈，使其成为永久磁铁。但是汉代根本就没有人工磁铁，嫁接了现代技术和现代材料的司南属于想象之物。

1952 年，钱临照院士曾应郭沫若要求制作一个司南，作为外交礼品。钱临照找了最好的磁石，请玉工做成精美的勺形，遗憾的是它不能指南。孙机解释道，这完全是因为磁矩太小，地磁场给它的作用不够克服摩擦力。"因此我们更不用指望公元前3世纪《韩非子》的时代和公元1世纪《论衡》的时代中的匠师能够做出来。"

另外，孙机指出，如果磁体没有呈现出可自由转动的细长的形状，其指极性是很难被观察到的。因此尽管我国很早就发现了磁石的吸铁性，但对磁石指极性的认识却到宋代以后。虽然公元前的《韩非子》中便有了司南一词，但是司南所指的不会是有磁性的指向器。

司南是齿轮机械系统？

在驳斥了司南是勺形磁性指向器之后，孙机还进一步提出，司南应为司南车，也称指南车。

《韩非子·有度篇》中载："夫人臣之侵其主也，如地形焉，即渐以往，使人主失端，东西易面而不自知，故先王立司南以端朝夕。"这是当下公认最早对司南的文献记录。孙机解释道,根据离《韩非子》最早的注解——唐人李瓒所做的"司南即司南车也"的注释表明,"司南"实际上为"司南车"的简称。

孙机称,这种指南车装有能自动离合的齿轮系,连接车上的木人。木人手臂平举,做出指向状。任凭车子转向,但这木人始终指南。孙机指出,根据各种文献考据,司南即为司南车,它完全是机械性的,而无磁性。

"我们无须在科技史上再设置一个并不存在的所谓'以司南勺定位'的阶段。罗盘在我国的发明不晚于11世纪,应用于航海不晚于12世纪初,而磁针在欧洲文献中最早见于英人尼坎姆于1190年间的记载。罗盘无疑是我国最先发明的。"孙机称。

可见,即使司南不是磁性指向器,也不会影响古代中国

人在世界科技史上的地位。

司南完全具有磁性

对孙机的观点，王振铎生前的助手、中国国家博物馆副研究员李强持有不同意见。李强表示，即使有更早的版本出现"司南之酌"，这个"酌"也有"勺"的意思，据此认为王振铎理解有误是不科学的。

此外他认为，不能说直到宋代以后才有指极性的记载，就否定前人在日常生活中对此的运用，"即使是沈括也不可能真正知道磁石指南的确切原因，那是直到 19 世纪，当人们知道地球也是一个磁场才通晓的事情"。而且，制造司南的工匠是生活在社会边缘的道家学派的一个支流，由于其活动诡秘，很少为主流派文人所注意、所记录，因此直到宋以后才出现对指极性的记载也不足为奇。

而对"指南车"，李强认为，这一装置在制作原理和制作工艺上有很大的难度，它是由一组齿轮系组成的机械构造，

而已知最早的齿轮系机械构造见于东汉张衡制造的水运浑天仪，指南车相当精密，比水运浑天仪的构件还要复杂，各轮的齿数都直接影响测量结果。"把这种难度很大的发明推放到战国时代，不是错乱了科技史中的前后次序了吗？"李强认为，将司南等同于指南车才是混淆了前后次序。

李强的观点是，司南发明后，我国古人发现司南虽然是一种指示方向的仪器，但使用起来实在不方便，因此根据实际需要，研制出来具有指南性质的指南车和指南鱼。

指南车

指南车的结构

指南车，又称司南车，它是我国古代用来指示方向的一种机械装置，是利用齿轮传动系统和离合装置来指示方向的。在特定条件下，不论车子转向哪一个方向，指南车上的小木人的手臂始终指向南方。

指南车是西汉年间发明的。之后，历代皇帝在一些隆重场合将指南车作为自己仪仗队的车辆，以显示皇家的威严与气派。

大雾迷路后发明指南车

在晋代虞喜的《志林新书》中，记述了最早的指南车发明故事。

传说距今 4600 余年前，黄帝联合炎帝部族与东夷集团九黎族首领蚩尤在涿鹿（今河北省涿鹿县）展开了一场激烈的大战，这是远古时代一次规模很大的战争。战争的起因，是双方想要争夺适于放牧和浅耕的中原地带。

蚩尤本是炎帝的大臣，他为了独霸天下，联合苗氏，把炎帝从南方赶到了涿鹿，还自称南方大帝，相当有野心。大战当时，只见蚩尤一夫当关，站在云间，手持长剑，指挥着如黄蜂般的部队冲向炎黄的阵营。炎帝一面抵抗，一面在箭

雨中带部下仓皇撤离战场。当炎帝的军队和黄帝会合后，炎帝便向黄帝报告作战的情形：蚩尤不但侵犯我们的国土，还向涿鹿进军，犯我疆界。于是黄帝下令重整队伍，两军又和蚩尤的军队展开大战。大家深信，只要携手并肩、齐心协力，一定可以打败蚩尤。不料蚩尤祭起了妖法，瞬间天地间扬起一片浓雾，伸手不见五指，顿时军阵大乱，炎黄大军节节败退！一时间，沙场上风声鹤唳，两军人马拼命厮杀，但最后炎黄大军终于无力承受蚩尤敌军的攻击，在浓雾中败下阵来。黄帝为了不让天下百姓受苦，几次派人与蚩尤和谈，但是蚩尤仍一意孤行，双方并未达成共识。于是黄帝决定奋力一搏，找到炎帝、九天玄女彻夜思量作战对策。

在被蚩尤围攻情况危急之时，炎黄军中有一个叫风后的人，他利用占卜的方式得知，要借助大自然的力量，才有办法打败蚩尤。风后利用磁铁与地球南北极磁场相互作用的原理，发明了指南车。由于指南针的指针永远都指向南北固定的方向，于是他们利用指南车在雾中确定了方向，得以逃离战场到达南山。而蚩尤的部队追赶到南山，用水攻击炎黄军。千钧一发之际，九

天玄女及时赶到，救了炎黄部队。炎黄军重新整治了队伍，又由九天玄女传授了一字长蛇阵，在蚩尤再次进攻时，长蛇阵头尾相接，蚩尤的士兵便被团团包围。行军布阵之后，他们还利用指南车辨识方位，大家跟随指南车指示的方向进攻，炎黄军把用魑的皮和雷神的骨头做的战鼓击出轰雷般的巨响，使得士气大振，战斗力倍增，士兵们愈加英勇，奋力杀敌。

马钧再造已失传的指南车

指南车的发明，实在是极为久远的事情。东汉时期，大科学家张衡就曾利用纯机械的结构，创制了指南车，可惜张

衡造指南车的方法失传了。

到了三国时期，人们只从传说中了解到指南车，但谁也没见过指南车到底是什么模样。当时，魏国的马钧对传说中的指南车极有兴趣，决心要把它重造出来。然而，一些思想保守的人知道马钧的决心后，都持怀疑态度，不相信马钧能造出指南车。

有一天，在魏明帝面前，一些官员就指南车和马钧展开了激烈的争论。有的文官说："据说古代有指南车，但文献不足，不足为凭，只不过随便说说罢了。"有的武将也随声附和道："古代传说不大可信，孔夫子对三代以上的事，也是不大相信的，恐怕不能有什么指南车。"

马钧说："愚见以为，指南车以往很可能是有过的，问题在于后人对它没有认真钻研。就原理方面看，造指南车还不是什么很了不起的事。"文官听后轻蔑地冷笑，武将更是不屑地摇头，有人嘲讽马钧说："先生名钧，字德衡，钧是器具的模型，衡能决定物品的轻重，如果轻重都没有一定的标准，能够做模型吗?"马钧回道："空口争论，又有何用? 咱们试制一下，自有分晓。"明帝遂令马钧制造指南车。马钧在没有资料、没有模型的情况下，苦心钻研，反复实验，没过多久，终于运用差动齿轮的构造原理，制成了指南车。

马钧用事实，取得了这场争论最后的胜利。马钧制成的指南车，在战火纷飞、硝烟弥漫的战场上，不管战车如何翻动，车上木人的手指始终指南，对此，满朝文武皆敬佩不已，自此，"天下服其巧也"。

从这个故事中，我们可以看到马钧刻苦钻研，敢想、敢说、敢做的精神。

指南鱼

北宋时，人们研制出能够指南的指南鱼。

具体做法是：先将木头刻成鱼形，其大小约有成人的小手指那么大，在木鱼腹中置入一块天然磁铁，将磁铁的南极指向鱼头，用蜡封好，从鱼口插入一根针，这样指南鱼就做好了。让指南鱼浮于水面上，鱼头总是指向南方。

指南鱼还有另一种制作方法，就是用薄铁片剪裁成鱼形，令鱼的腹部略微有点儿下凹，就像一只小船。将薄铁片磁化后，让其浮在水面，这个铁制的鱼就能指南。

我国古代人民发现，使用指南鱼比使用司南方便多了，

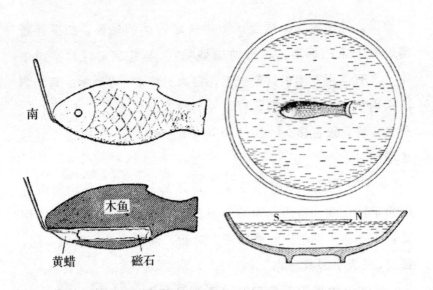

南

木鱼

黄蜡　　磁石

S　N

只要有一碗水，把指南鱼放在水面上就能辨别方向。经过不断的改进，人们又用钢针在天然磁体上摩擦，使钢针也有了磁性，这种经过人工传磁的方法制成的磁针就是指南针。

指南龟

我们祖先发明了指南鱼后，还研制出了指南龟。

据文献记载，指南龟发明年代不晚于 1325 年。

指南龟的制作过程为：将木块刻成龟形，在龟的腹部中心嵌入一个磁体，再将木龟安放在尖状立柱上，这个龟在静止时，首尾分别指向南方和北方。

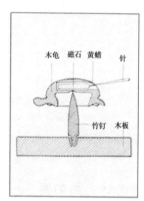

指南针的原理

为什么叫指南针？

用过指南针的朋友都知道，其实指南针上面的箭头一般是指向北方的，见下图。那么，为什么叫指南针呢？

这是因为，在中国古代文化里，南为尊，北为卑。皇帝

都是面南背北而坐，正屋的门窗都是开向南方。指南针由此得名。

指南针为什么能指南？

人类居住的地球是个天然的大磁体，地球的南北两极有不同的磁极。地球的地磁南极在地理北极附近，地球的地磁北极在地理南极附近。

根据同名磁极互相排斥，异名磁极互相吸引的原理，指南针的北极与地磁南极互相吸引，指南针的南极与地磁北极互相吸引。所以，指南针静止时，它的北极总是指向地球的北端，南极指向地球的南端。也就是说，拿一个可以自由转动的磁针，无论站在地球的什么地方，它的北极总是指北，南极总是指南。

在科学界，人们一般将磁体的北极用红色

标示。

习惯上，人们把位于北半球的地磁南极叫北磁极，把位于南半球的地磁北极叫南磁极。

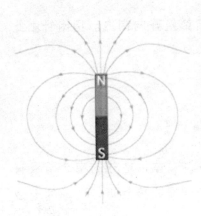

·磁铁磁力线的方向

我们可以通过左图了解指南针在地球上的指向。首先，大家要知道什么是"磁子午线"。磁子午线是地球表面某点地磁水平分力线所切的地球大圆。磁针在仅受地磁影响（没有自差）的情况下，其指向即磁子午线的方向，也就是说，在地球磁场作用下，磁针在某点自由静止时其轴线所指的方向。因地磁两极不对称和磁场的不规律性，

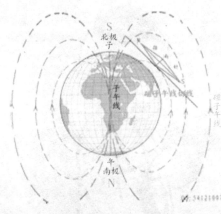

·磁子午线的切线方向即磁针轴线所指方向

磁子午线一般不经过地磁南北极，故磁针所指的磁北方向不一定是地磁北极的方向。

公元 11 世纪，我国科学家通过长期的观察发现，指南针的指向并不是地球的正南和正北，而是略微偏离一点儿。也就是说，地球的两极和地磁的两极并不重合，有一个磁偏角存在。地磁的北极在地理南极附近，地磁的南极在地球北极

附近。

意大利航海家哥伦布在 1492 年横渡大西洋时，才观察到这一现象，比我国科学家的发现要晚四百多年。

快速做磁针

要想制作指南针，首先就要制作磁针。

制作磁针时就要用到磁石。我国北宋著名的大科学家沈括在《梦溪笔谈》中提到一种人工磁化的方法，即用磁石去摩擦一枚缝衣针，这样就能快速地制成一枚带有磁性的磁针了。

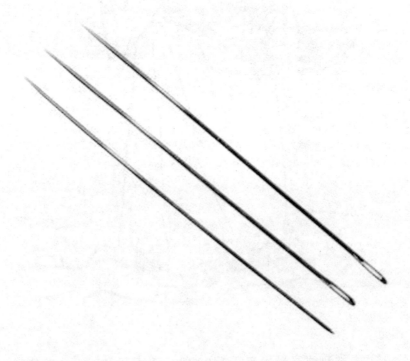

早期的指南针

我国祖先在学会制作磁针后，又制作出了世界上最早的几种简易指南针。在《梦溪笔谈》中，沈括记录了几种快速、简易制作指南针的方法。

水浮法制作指南针

将几段灯心草横穿在带有磁性的钢针上，放在盛水的瓷碗中，此时灯心草会连同磁针浮在水面上，磁针即可指示南北，见下图所示。这种指南针实用性强，最先应用于航海，以指示方向。

碗唇旋定法制作指南针

将一枚磁针搁在碗口边缘，使磁针可以灵活旋转，此时的指南针即能够指示方向。

指甲旋定法制作指南针

把一枚磁针搁在手指甲上面，由于指甲面光滑，磁针可以旋转自如，因此可以指示方向，见下图所示。

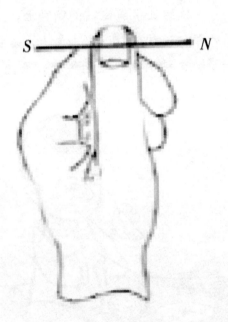

缕悬法制作指南针

在磁针中部涂一些蜡，蜡上粘一根蚕丝，然后将蚕丝一端系在一处没有风的地方，使磁针倒悬，磁针就能指示方向了。

指南针的早期发展——罗盘

罗盘的构成

在中国古代，指南针最先应用于祭祀、礼仪场合、军事、占卜与看风水时定方位。在这之后，指南针在人类历史上起过重要作用的是在航海方面。

我国古代航海事业相当发达，这与指南针在海上的应用是分不开的。在指南针应用于航海之前，海上航行只能靠日月星辰来定方位，遇到阴雨

天就束手无策了。到了北宋年间，水浮法指南针开始用于海上航行，这在北宋时期朱彧的《萍洲可谈》一书中已有记载："舟师识地理，夜则观星，昼则观日，阴晦观指南针。"

指南针在航海上的应用，也促进了指南针自身的发展。南宋时期，人们开始把磁针与分方位的装置组合成一个整体。这种仪器近代就叫罗盘，古代称为地螺（罗）或针盘。

罗盘主要由内盘、外盘和天池三大部分构成，另外还有天心十道。

（1）内盘。内盘为圆形，罗盘的各种内容刻写于内盘盘面的不同圈层上，内盘可以转动，是罗盘的主要构成部分。

（2）外盘。外盘为方形，在内盘的外面，是内盘的托盘，盘面无字。

（3）天池与指南针。天池位于罗盘中心，内置指南针。早期罗盘使用注水浮针，即水罗盘，罗盘中间凹陷，以能蓄水浮针，称天池。

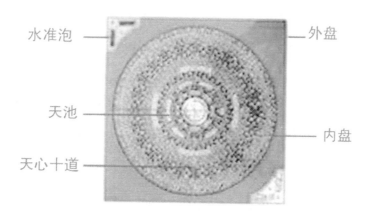

水准泡　外盘　天池　内盘　天心十道

罗盘的类型

水罗盘和旱罗盘

根据罗盘中磁悬浮的方法，可以将罗盘分为水罗盘和旱罗盘。

（1）水罗盘磁针虽然能指示南北方向，但是，其指示的方向比较简单。为了更详细地指明方向，我们祖先将磁针与方位盘结合，发明了能够精确指示方向的新工具——罗盘。下图是用水浮法制作的罗盘。据说郑和下西洋时所用的罗盘，也是采用水浮法制作的。

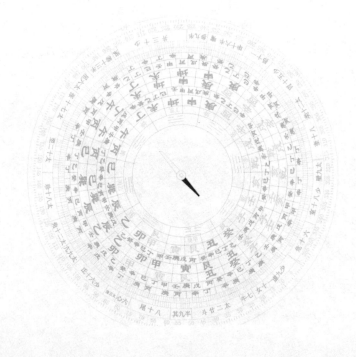

采用水浮法制作的罗盘包括两部分：首先有一个方位盘，其盘面周围刻有二十四方位，盘呈圆形；其次是水浮法制作的指南针，即盘中盛水，磁针横穿灯心草，浮于水面。这样一来，只要看一看磁针在方位盘上的位置，就能判断出方位来了。

因为这种罗盘的指南针是采用水浮法制作的，所以这种罗盘又被人们形象地称为水罗盘。

（2）旱罗盘。旱罗盘和水罗盘的区别在于：旱罗盘的磁针是以钉子支在磁针的重心处，并且使支点的摩擦阻力尽量小，磁针可以自由转动。将

　　其与方位盘结合，就构成了一种新的罗盘。

　　与水罗盘相比，旱罗盘的磁针不需要水作为支撑点，所以人们将其命名为旱罗盘。

　　旱罗盘比水罗盘有更大的优越性。水罗盘要想指方向，自身必须保持水平状态，而旱罗盘对此要求要低一些，并且旱罗盘有固定的支点，更为稳定、准确，不像浮针在水面游荡。因此，旱罗盘更适用于航海。

　　长期以来，对于罗盘的诞生国度及时间，学术界一直存有争议，也有人认为水罗盘是在我国两宋时期创制的，而旱罗盘则为欧洲发明，直至16世纪初由日本传入我国。

　　然而，1997年5月，在我国江西省抚州市临川区出土的宋代彩绘立人罗盘陶俑则有力地证明，早在12世纪，我国看

・宋代彩绘立人罗盘陶俑　　　　　・俑底墨书"章坚固"

风水确定方位时可能已采用罗盘，较传统说法提前了三四百年。

这个宋代彩绘立人罗盘陶俑，高23.2厘米，底径7.6厘米，重量为423克，陶质灰白色，立人束发，两眼炯炯有神，目瞻前方，面泛朱红色，身穿黄褐色右衽长衫，四方形底座，色彩大部分已脱落，俑底墨书"章坚固"三字。

该陶俑最具特点的是：陶俑怀抱一个带有指针的大罗盘，针中部为菱形，中间有小洞，针两侧呈长条状，作左右指向，右指针针端为矛头状，整个指针位置居于罗盘中央，针端与罗盘相接，罗盘为宽平面环状，盘有明显的表示刻度的条纹。如不计指针针端和俑手掩盖的盘面刻纹，刻度共有15条，其中两条十分靠近且一端相接，其他刻度之间的距离则大致相同。毫无疑问，这是一件装在刻度盘上，可以转动用来指示方向的罗盘（又叫罗盘经）。它是现知世界最早的罗盘造型实物。

1985年5月，在江西临川南宋邵武知军朱济南（1140～1192）墓中出土了70件瓷俑，其中一件称张仙人俑，高22.2厘米，手捧一件大罗盘，据有关专家鉴定，这是一位地理阴阳堪舆术家。此罗盘模型的磁针与刻度为16分度的罗盘相结合。磁针装置方法与宋代水浮针不同，其菱形针的中央有一明显的圆孔，形象地表达出采用了轴支撑的结构。由此可知，12世纪，我国看风水确定方位时，可能已采用旱罗盘。

风水罗盘、地质罗盘和军用罗盘

（1）根据罗盘的专业用途，可将罗盘分为风水罗盘、地质罗盘和军事罗盘。

风水罗盘又称罗经，取包罗万象、经纬天地之意。风水罗盘在风水上用于格龙、消砂、纳水和确定建筑物的坐向。

风水罗盘由地盘和天盘组成。整个罗盘上有正针、缝针、中针之分；有金盘、银盘之分；有内盘、外盘之分；有天、地、人三盘之分。

地盘是正方形，或称托盘，上有十字形两条线，中间凿有一个凹圆。

天盘是圆形，盘底略凸，置于地盘的凹圆上可以旋转。天盘中间装有一根指南针，或称磁针、金针，大致指向南方。

天盘上的指南针，风水先生称其为正针。正针所指的方向实际上不是正南。为了测定正南，又设立了缝针。缝针与正针之间形成磁偏角。

使用风水罗盘的关键是看针，看针的指向，看针的稳定情况，并根据风水理论去推定方位的适合情况。

圆盘上的圈层有的简略，有的复杂，少则三层，多则四十多层，每层都有文字或符号，都有特定的意义。

（2）地质罗盘。罗盘实际上就是将指南针的定位原理用于测量地平方位的工具。因此罗盘在地质勘测中常常被使用，通常称这种罗盘为地质罗盘。地质罗盘用于定位、坡度角的测量，岩层产状包括岩层走向、倾向、倾角的测量。

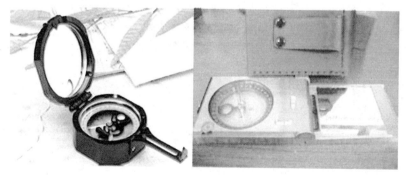

· 地质罗盘

地质罗盘上有一个指针，用它指明磁子午线的方向，可以粗略确定目标相对于磁子午线的方位角，并利用水准器装

置测其垂直角（俯角或仰角），以确定被测物体所处的位置。

地质罗盘式样很多，但结构基本是一致的。我们常用的是圆盆式地质罗盘仪，由磁针、刻度盘、测斜仪、瞄准觇板、水准器等几部分安装在一铜、铝或木制的圆盆内组成。

地质罗盘的使用方法是：第一，在使用前必须进行磁偏角的校正。第二，为了避免时而读指北针，时而读指南针，产生混淆，应以对物觇板指着所求方向恒读指北针，此时所得读数即所求测物之方位角。

（3）军用罗盘

在军事上使用的罗盘被称为军用罗盘。这种罗盘是军事指挥人员的最爱。

在我国，军用罗盘中具有代表性的是六二式军用指南针，具体见下图。

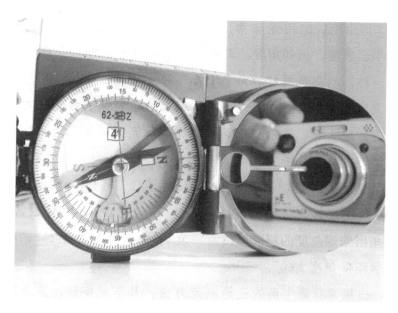

· 打开的六二式军用指南针

· 合上的六二式军用指南针

该指南针的用途非常广泛，是可用来测定方位、距离、水平、坡度、俯仰角度、高度、行军间速度及测绘简单地图的一种简易测量器材。为了便于在夜间使用，在其各相应部位上涂有荧光粉。六二式军用指南针是全金属底盘及金属盖结构，可折叠，并带有指环、挂绳、反光镜，在度盘座上有两种刻度线，外圈为 360°分划制，0°-360°为逆时针排列，每条刻度线间为 1°；内圈为 6000（密位）分划制，圆周共有300 条刻度线，每条刻度线间距为 20（密位），内有磁针。测角器俯仰角度的刻度单位为"度"，每条刻度线为 25°，可测量俯仰角度±60°。

该指南针最实用的还是测定方位，其盖能旋转，盖为透明的玻璃，外圈圆环上细纹密度很高，旋转时手感很好，盖上标有东西南北的十字线，使用时，转动软盘仪，待磁针指北端对准"0"后，此时所指的方向就是北方，在方位玻璃上就可直接读出当地东、南、西、北方向来。

测速罗盘和测时罗盘

人们将罗盘的功能进行扩展，研制出了测速罗盘和测时罗盘。

（1）测速罗盘。所谓测速罗盘是指既能测量方向又能测量速度的罗盘。代表性的有前面提到的六二式军用指南针。在该指南针上，里程计部分主要由里程刻度表、速度时间表、测轮和齿轮指针等组成，里程刻度比例尺为 1：50000，每条刻度线相应代表 0.5 千米，可与具体相应比例或成倍比例的地图配合使用。速度时间表刻度在外侧表盘上有 13 千米/小时、15 千米/小时、17 千米/小时、19 千米/小时、21 千米/小时、23 千米/小时、25 千米/小时，内侧表盘上有 10 千米/小时、14 千米/小时、16 千米/小时、18 千米/小时、20 千米/小时、22 千米/小时、24 千米/小时、30 千米/小时，共 15 种速度（以 v 代表）。时间刻度中每一刻度线相应代表 5 分钟，指南针的侧面有测绘尺，两端为距离估定器，估定器两尖端长 12.3 毫米，照准与准星间长为 123 毫米，即为尖端长的 10 倍。

据此，军事指挥人员可很方便地获得军队行进速度的数据。

（2）测时罗盘。所谓测时罗盘是指既能测量方向又能测量时间的罗盘。代表性的是日晷式罗盘。

在我国，日晷又称"日规"，是我国古代利用日影测得时刻的一种计时仪器，也称为太阳时计或太阳钟，通常由铜制的指针和石制的圆盘组成。铜制的指针叫作"晷针"，垂直地穿过圆盘中心，起着立竿的作用，因此，晷针又叫"表"，石制的圆盘叫作"晷面"，安放在石台上，南高北低，使晷面平行于天赤道面，这样，晷针的上端正好指向北天极，下端正好指向南天极。在晷面的正反两面刻画出 12 个大格，每个大格代表两个小时。当太阳光照在日晷上时，晷针的影子就会投向晷面，太阳由东向西移动，投向晷面的晷针影子也慢慢地由西向东移动，于是，移动着的晷针影子好像是现代钟表的指针，晷面则是钟表的表面，以此来显示时刻。

　　人们将日晷从固定式发展为便携式时，将日晷的晷针（指极针）放置在南北的方向，这就要使用指南针。这样便由观测时刻的日晷和测定方向的指南针结合而构成了可携带的随时可用的便携式日晷。

　　根据指针与时刻盘的取向和相对位置的不同，可以将日晷分为不同类型。日晷的指时盘平行于赤道面时称为赤道式日晷，指时盘平行于地平面时称为地平式日晷。这里重点介绍赤道式日晷。

　　赤道式日晷是中国古代最经典和传统的天文观测仪器。所谓赤道，是指地球的赤道或平行于地球赤道的平面，对于天文仪器，其赤道一般都指后者，即平行于赤道的平面，简称为赤道面。赤道式日晷之晷面，即为赤道面。故宫的太和殿前，在汉白玉石台基两侧，就有汉白玉石制成的日晷，见下图。

· 赤道式日晷侧面图

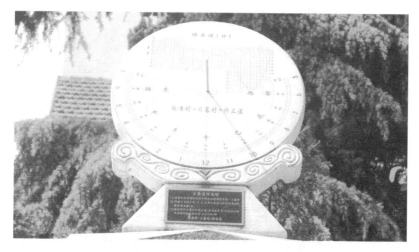

· 赤道式日晷正面图

　　太和殿前的日晷放置在高 2.7 米、边长 1.65 米的石座上。石制的指时盘直径 725 毫米、厚 85 毫米，铁制的晷针最大直径 6 毫米、长 342 毫米，插在指时盘的中心，针两端呈锐形。指时盘上下两面圆周上均匀地刻画出子、丑、寅、卯、辰、巳、午、未、申、酉、戌、亥十二个时辰，并等分为初正的时刻线，朝北的上盘面上的字迹和刻线已经风蚀剥落。盘面与底座面呈 50°的交角，即北京纬度（40°）的余角。上盘面的晷针指向北极，这样构成赤道式日晷。在从春分到秋分的夏半年中，太阳位于北半球天空，这期间是从朝北的上指时面观测时刻。在从秋分到春分的冬半年中，太阳位于南半球天空，这期间则主要需从朝南的下指时面观测时刻。

　　故宫收藏的一种便携式的赤道式日晷见下图所示。

其指时盘直径 198 毫米，盘外圆弧上标注Ⅰ、Ⅱ、Ⅲ…Ⅻ二十四小时时标，指时盘边缘附加有直径 60 毫米的分针盘，分针盘圆周划分为 60 格，每一格相当于 1 分钟，与分钟盘相对的直径另一端为一可转动的游表（相当于时针），分针盘上也有可转动的指针（相当于分针）。当分针盘上的指针旋转一周时，游表在指时盘上正好转过一小时。因此，借助于分针盘和游表，可读出日影的位置。

选择好罗盘的方法

一个好的罗盘应该具备以下特征：

（1）磁针要平直。磁针不得弯曲扭转变形，要两端平衡，指向准确，转动灵敏，且能在一分钟之内平稳定针，如长时间颤动不稳则不理想。

（2）天池底部的红线指南北。天池内海底线两端必须指向内盘的南北正中（地盘正针子午正中）。

（3）天心十道线呈直角。由外盘四边正中小孔引出的两条连线，通过天池中心应相互垂直地交叉在一起，即纵横两条交线的夹角为90°。

（4）内盘转动要灵活。内外盘之间结合较为紧密，但又无阻塞之感，转动手感较好。

（5）内盘盘面字体工整、清晰。盘面内容正确，分度精细。

（6）外盘必须正方形。外盘要有水准仪。

（7）材料适合。制造罗盘的材料有天然木材，如樟木、柚木等；有合成木材，如胶木板、夹板等；还有电木、塑胶板等。天然木材和电木等材料制成的罗盘平面光滑，不易变形，但电木质罗盘质量较重。合成木质罗盘价格便宜，但易变形。

（8）颜色合适。盘面的颜色有金面和黑面两种，字体则有金字、黄字之分，金属盘面的字体有凹凸两种，颜色对比要强烈。

磁偏角与罗盘

因为我国劳动人民最早认识到磁偏角这一现象，使得罗盘可以比较准确地指示方向。所谓磁偏角，是指磁北线与真北线之间的夹角。

北宋著名科学家沈括在《梦溪笔谈》中记载与验证了磁针"常微偏东，不全南也"的磁偏角现象。

沈括的这一记录，比西欧记录早 400 年。英国人罗伯特·诺曼发现，一根磁针用细线在中间系住悬空吊起，磁针跟水平形成一偏角，他将这一偏角称为磁偏角。1581 年，他在自己的《新奇的吸引力》一书中阐述了自己的发现。

地磁极接近南极和北极，但并不和南极、北极重合，一个约在北纬 72°，西经 96° 处；一个约在南纬 70°，东经 150° 处。磁北极距地理北极大约相差 1500 千米。

在一天当中，磁北极的位置也在不停地变动，其轨迹大致呈椭圆形，磁北极平均每天向北移 40 米。据英国《独立报》报道，地球磁北极正在以每年 64 千米的速度移往俄罗斯方向。这对现代交通系统的安全性和迁徙动物的传统导航线路都构成很大威胁。

爱因斯坦与罗盘

爱因斯坦小时候并不活泼，3 岁多还不会讲话，父母很担心他是哑巴，曾让医生检查。幸好小爱因斯坦并不是哑巴，可是直到 9 岁时，他讲话还不是很通畅。

在四五岁时，爱因斯坦有一次卧病在床，父亲送给他一个罗盘。当他发现罗盘总是指着固定的方向时，感到非常惊奇，觉得一定有什么东西深深地隐藏在这个现象后面。他一

连几天兴高采烈地玩这个罗盘，还纠缠着父亲和雅各布叔叔问了一连串问题。尽管他连"磁"这个词都说不好，但他却顽固地想要知道罗盘为什么能指南。这种深刻和持久的印象，使爱因斯坦直到 67 岁时还能鲜明地回忆出来。

相对论与罗盘之间没有必然的联系，因为相对论所研究的是宇宙的物质运动的总体关系，而罗盘利用的是地磁场力的关系。但是爱因斯坦就是因为对罗盘的好奇，所以才去研究，进而得出了相对论。

小小的罗盘里面那根按照一定规律行动的磁针，唤起了这位未来科学巨匠探索事物原委的好奇心。

1953 年 3 月 14 日，爱因斯坦在自己的 74 岁生日宴会之前，举行了一个简短的记者招待会。会上，他收到一份短信，信上第一个问题就是："据说你在 5 岁时由于一个指南针，12 岁时由于一本欧几里得几何学而受到决定性的影响。这些东西对你的一生的工作果真有过影响吗？"

·少年时的爱因斯坦　　　　·爱因斯坦由罗盘引起的思考

　　爱因斯坦看了微微一笑，回答说："我自己是这样认为的。我相信这些外界的影响对我的发展是有重大影响的。"爱因斯坦接下来的回答似乎更饶有趣味："但是人很少洞察到他自己内心所发生的事情。当一只小狗第一次看到指南针时，它可能没有受到类似的影响，对许多小孩子来说也是如此。事实上，决定一个人的特殊反应的究竟是什么呢？在这个问题上，人们可以设想各种或多或少能够说得通的理论，但是绝不会找到真正的答案。"

　　的确，一个儿童的一次偶然经历和日后伟大的科学发现之间，不论如何推论，大概很难找出让人心悦诚服的必然联系。

指南针的应用

指南针可用于大地测量

在地质勘测中，常常使用指南针——地质罗盘，对于大地进行定位，对地形的坡度角进行测量，对岩层产状包括岩层走向、倾向和倾角进行测量。

指南针在军事上的应用

在军事活动过程中，重要的任务首先是确定自己所在地的方位，其次是测定目标的方位。下面具体说一下在军事活动中如何使用指南针。

第一，测定方位。打开指南针，使方位指示箭头对准"0"。转动指南针，待磁针北端对准"0"后，此时所指方向就是北方，在方位玻璃上就可直接读出现在所处位置的东、南、西、北方向。

第二，标定目标的方位。首先打开指南针，调整度盘座，使方位指示箭头对准"0"；其次以测绘尺与地图上的真子午线相切；最后转动地图，使磁针北极端指向本地区的磁偏角数值上，则地图上的方位和现在所处的方位完全一致。

指南针可预测地震吗？

1858年11月11日，葡萄牙的塞图巴尔发生强烈地震，在地震发生前，当地的指南针异常，罗盘失灵。

1976年7月28日唐山大地震前，地磁场方向出现了多处异常。在《唐山警示录》一书中记述了四个观测点异常：山海关一中观测到"磁偏角异常变化是从1975年9月10日开始的"；乐亭红卫中学观测到"磁偏角从1976年4月初出现异常"；赵各庄地震台从1976年1月20日开始就出现异常，数值始终居高不下。唐山二中的观测值从1976年开始就"一直上升"。

1979年3月15日上午9点左右，云南省普洱县地震局的技术人员开始在山洞观察室里安装陶瓷偏角磁变仪，磁变仪的磁针反光点总是无规则地左右摆动，一直持续到晚上20时52分25秒普洱6.8级地震发生。

在2008年5月12日，四川汶川发生8.0级大地震前，发现了一种确定性的地震前兆——指南针乱转。

指南针在航海上的应用

中国关于指南针用于航海的最早记录

大约在 10 世纪的北宋时期，中国人已将指南针用于海上导航，这对于海上交通的发展、中外经济文化的交流起到了极大作用。在北宋宣和元年（公元 1119 年），朱彧在《萍州可谈》中记录了元祐五年（公元 1090 年）至崇宁元年（1102 年）他父亲在当时广州服官时于市舶司的见闻："舟师识地理，夜则观星，昼则观日，阴晦观指南针。"这是有关指南针用于航海的最早记载。

这段话的意思是说：船队在航行时是如何辨认地理位置呢？晚上航行是通过观察星星，白天则是通过观察太阳，当遇到阴天日月星辰都看不到时，则使用指南针。

郑和为何能成功下西洋？

郑和下西洋取得成功的主要原因是：

第一，中国唐宋元朝以来发达的造船技术。郑和下西洋用的宝船见下图。

第二，罗盘为大规模的远洋航行提供了安全保障。

第三，永乐帝朱棣宣扬大国国威，是出于政治目的的需要。

第四，中国元朝拥有当时世界上贸易量最大的几个港口和世界上最强大的海军以及大量的民船、商船，为后来的明朝航海奠定了基础。

第五，明朝的封建中央集权制度能够调动力量办大事，能提供经济上的支持和军事力量上的保障。

第六，郑和船队上海员、明朝军队士兵、翻译官等人的共同努力。

几百年后，为了纪念郑和，我国海军以郑和的名字命名了训练舰，下图是中国海军"郑和号"训练舰。

郑和七下西洋

郑和，原名马三保，明朝伟大的航海家，出身云南咸阳世家。1381 年（洪武十三年）冬，明朝军队进攻云南，马三保被掳入明军，看其聪明，按太监进入朱棣的燕王府。后因在靖难之变中为朱棣立下战功，受到朱棣的赏识。1404 年

（永乐二年），明成祖朱棣认为马姓不能登三宝殿，因此在南京御书"郑"字赐马三保郑姓，改名为和，任为内官监太监，官至四品，地位仅次于司礼监。1405 至 1433 年，郑和奉命七下西洋，完成了人类历史上最伟大的壮举。1431 年（宣德六年），钦封郑和为"三宝太监"。

· 郑和的雕塑

郑和"七下西洋"是指郑和奉命七次下西洋（实际上是指东海、南海、印度洋等）的航海活动。

郑和率领他的船队，从江苏刘家港出发到苏门答腊北端，沿途航线都有罗盘指路，在苏门答腊之后的航程中，则用罗盘指路和牵星术相辅而行。指南针为郑和开辟中国到东非航线提供了可靠的保证。

郑和下西洋时间之长，规模之大，范围之广，都是空前的。他不仅推动了航海事业的发展，而且对发展中国与亚洲各国政治、经济和文化友好关系，作出了巨大贡献。

郑和下西洋还扩大了中国的对外贸易，促进了东西方的

· 郑和下西洋的仿古宝船

经济文化交流，加强了中国的国际政治影响，增进了中国同世界各国的友谊。郑和这样大规模的远海航行之所以安全无虞，与指南针的忠实指航是分不开的。

郑和下西洋期间，海外国家与明朝的"通贡"由洪武年间屈指可数的几国增加到了 30 多个国家，从东南亚输入中国的货物多达 185 种。众多的海外货物输入中国，为中国动植物

学、医药学和瓷器、玻璃等制造业的发展增添了新的外来成分。通过官方和民间两种贸易途径，郑和成功地构建起了中国—东南亚经济贸易网，中国与东南亚国家建立了密切的政治、外交、贸易关系，双方的文化交流历久不衰。

郑和船队在非洲有后裔？

2001 年，《当代海军》刊登了一篇题为《郑和船队在非洲有后裔吗？》的文章，文中的记述引起了人们的关注。

据国内现存史料记载，非洲是郑和船队下西洋到达的最远地方。几年前，有一位美国《纽约时报》的记者，采访考察郑和下西洋至非洲的航路，在肯尼亚的一个岛上发现了一个自称是中国人的"法茂人"，他怀疑"法茂人"是 500 多年前中国郑和船队赴非洲途中遇难船只上船员的后裔。

• 载自 2001 年 12 期《当代海军》

"法茂"一词在葡萄牙语中为"死里逃生"之意。《武汉

日报》女记者范春歌在重走郑和路的途中，有幸登上肯尼亚和索马里两国交界处拉姆群岛的一个叫帕泰的小岛，找到了住有"法茂人"的村庄。

范春歌看到的这个村庄像一个很大的古城堡，但给她的感觉却像是到了中国，村边一条小河，河上筑有石拱桥，村中有人牵着牛在小路上走，一派中国江南农村的景象。范春歌找到了该村的村长，正巧，村长就是"法茂人"。村长说："在这个岛上并不是每个村子都有'法茂人'，只有我们这个村子里有40多个'法茂人'。大多'法茂人'都流散到蒙巴萨等大地方去了。"范春歌问："怎样证明'法茂人'就是中国人呢？"村长说："几百年来，代代相传，我们就是从中国来的死里逃生的人。"

现代"法茂人"已是跟当地土著黑人通婚后的混血儿。皮肤不像黑人那么黑，而是黑、黄之间的棕色。从相貌上看，他们与当地黑人也不同，还能看出些中国人种的特征。村长十分高兴地将范春歌一行人请到"法茂人"的家里，兴奋地

·帕泰岛西雨村的法茂人

高喊着："大家快出来，中国人来看望我们了！" 范春歌给当地的"法茂人"拍了照。

看看照片，你能否看出他们是中国人的后裔呢？

郑和早于哥伦布发现美洲

2011 年第 4 期《科学大观园》刊登一篇名为《郑和早于哥伦布发现美洲》的文章，从这篇文章中，你会得出怎样的结论？

查看一下历史书，大家都有这样的认识，1487 年葡萄牙人迪亚士首次完成环绕非洲的航行，1492 年哥伦布最早发现美洲的加勒比海群岛，1519 至 1521 年麦哲伦率领的船队首次完成环球航行。那么郑和早于哥伦布发现美洲的证据何在呢？

英国人孟席斯退休前是一位潜水艇艇长，几年前，在他编写的《1421年，中国发现美洲》中，以审慎的态度总结、列举了中国人早于哥伦布到达美洲的观点。

孟席斯的个人爱好之一是收集各种海图和地图。1990年前后，孟席斯在美国明尼苏达大学图书馆发现长期以来未曾引起任何人注意的、由收藏家托马斯·菲利普在18世纪收集的一批地图。其中有一张地图是由一位名叫皮吉加诺的威尼斯人在1424年绘制的。在这张地图中画出了整个欧洲和非洲，其中还有加勒比海中的部分岛屿。更有甚者，在另一些地图中还出现了北美洲、南美洲、澳大利亚，甚至还有南极洲的海岸线。

1487年，葡萄牙人最早环绕非洲航行时就使用了海图。那他们是从哪里获得信息而绘制出欧洲人从来没有去过的地方的海

图呢？

人们知道，非常热衷于航海探险的明朝皇帝朱棣于1402年即位后，就开始建造海船，并命太监郑和率船队先后七次下西洋。

据载，郑和船队中的大帆船长达175米，宽65米，有三重柚木船体和多达16个独立防水密封舱，可以载2000吨以上的货物。船队中具有相当规模的船超过了100艘。此外，船队还载有植物和鸡、狗、猪等动物。船队可以在海上停留至少三个月而不必补充任何给养。船队的人员中有翻译、数学家、天文学家、航海家、工程师、冶金学家、种植工人和修理船只的工匠。他们在船上种植的紫米可以补充维生素B1，种植的豆类植物可以补充维生素D。他们在船上饲养水獭用于把鱼群驱赶到渔网中。

需要特别注意的一点是，郑和船队船只虽然巨大，其自身却不具有机械动力，其航行的动力只能来自海风或洋流，他们有时不得不停靠在港湾中等待可资利用的海风或洋流的到来。为此，郑和船队便利用观测北极星的高度来确定所在地的纬度，然而要确定所在地的经度却是一个极其困难的问题，因为当时的海船上没有时钟。但郑和及其下属知道，如果有了更多观测的资料，通过观测一次月食发生时是哪些恒星位于子午线上，就可以确定当地的经度。他们确定的非洲东海岸的经度误差在60千米以内，而欧洲人直到18世纪才能达到这样高的精确度。郑和船队航行的目的之一，是寻找他们相信天上存在的所谓的"南极星"。由此可见他们对天文导航的重视。

　　孟席斯怎样继而判断郑和船队到达了美洲呢？首先，作为潜水艇艇长的孟席斯非常熟悉全球各海域的洋流和风向。他能肯定的一点是，如果一只船队已经到达了非洲西海岸，那里的洋流就会自动把船只驱向北方的亚述尔群岛，然后向西驱向加勒比群岛和佛罗里达。之后北大西洋洋流又将船只驱向格陵兰、冰岛和英格兰。其次，如果从亚速尔群岛漂到南方，就会沿南美海岸线驶向南纬52°的麦哲伦海峡。还有郑和船队的船只本身不具有机械动力，其船员必须积累有非常丰富的借用海风和洋流的经验。另外一个重要事实就是1519 年，麦哲伦在航海时，他已经使用了出自中国人之手的画有南美海岸线的地图。他事先已经知道，如果他能行驶到

相当于南纬52°的位置，就能绕过南美洲进入太平洋。但还有一个必须弄清的问题是，1487 年葡萄牙人最早完成了环绕非洲的航行，那么他们是怎样学到郑和船队的航海知识的呢？

这里有一个情节曲折的故事。一位名叫达康提的威尼斯人想去埃及东部探险，但当时基督徒是不允许到开罗以南的地方的，于是他学习了阿拉伯语并改信了伊斯兰教。达康提在他的书中写道，他以伊斯兰商人身份到达了印度，在卡利卡特（印度西南部港市）遇到了在返回中国途中的郑和船队的人，在进行了充分的交流之后，他获得了地图和航海知识。当达康提回到威尼斯时，却遇到了很大的麻烦，因为他背叛基督而信奉了伊斯兰教，可能会被处以火刑。于是达康提提出，他交出手中的地图并讲出所学到的别人尚未掌握的航海知识，以换取教会对他的赦免。在此同时，一位在威尼斯的葡萄牙航海家、亨利王子的弟弟，也从达康提那里获得了地图和中国人的航海秘密。

另外，还有一些辅助证据。如秘鲁北部有多达数十个地方用的是中国的地名。在美国旧金山湾东边的萨克拉曼多河，曾经出土了柚木制成的小船（郑和船队的大船上载有很多小船），而美洲和欧洲是肯定不出产柚木的。郑和船队还把中国的动植物带到了所到之处，如最早到达南美洲的殖民者发现那里已经生存着亚洲品种的家鸡。此外，还有人在读过《1421年，中国发现美洲》一书后提示孟席斯，北欧的斯堪的纳维亚人在10世纪末抵达北美时，就曾发现当地有中国人。这些或许说明了中国人早在郑和之前就曾到达那里。

总之，目前对这一问题的探索，距离获得一个可以被普遍认可的结论还有相当大的距离。

指南针促进世界地理大发现

克里斯托弗·哥伦布是意大利人，著名的航海家，1451年生于意大利热那亚，1506年5月20日卒于西班牙巴利亚多利德。

·哥伦布

1476年，哥伦布在航海途中的激战中落入水中，靠着一块破碎的船板泅渡到葡萄牙，在这里学习航海知识。同时，哥伦布以自己的聪慧与勤奋，学会了葡萄牙文及拉丁文，并利用这些语言深入研究了航海所必不可少的宇宙学和数学，还学会了绘制地图和使用各种航海工具，最重要的就是学会了使用指南针。

哥伦布很早就阅读了《马可·波罗游记》，对东方的富饶遐想无限，使他产生了到东方去的想法；他接触了学者托斯勘内里，接受了"地圆学说"，坚定了从海上到达东方的信念。他先后向葡萄牙、西班牙、英国、法国等国国王请求资助，以实现他向西航行到达东方国家的计划，都遭拒绝。但哥伦布仍然不放弃，为实现自己的计划，到处游说了十几年。直到1492年，西班牙王后慧眼识英雄，她说服了国王，甚至要拿出自己的私房钱资助哥伦

x1

布，使哥伦布的计划得以实施。

1492年8月3日，哥伦布受西班牙国王派遣，带着给印度君主和中国皇帝的国书，率领三艘百十来吨的帆船，从西班牙巴罗斯港扬帆出大西洋，直向正西航去。经过70个昼夜的艰苦航行，1492年10月12日凌晨终于发现了陆地。

·哥伦布在船上的塑像

哥伦布以为到达了印度。后来知道，哥伦布登上的这块土地，属于现在中美洲加勒比海中的巴哈马群岛，他当时为它命名为圣萨尔瓦多。

1493年3月15日，哥伦布回到西班牙。此后他又三次重复他的向西航行，又登上了美洲的许多海岸。

·哥伦布船队的油画

· 开辟新航路的三位外国人

直到 1506 年逝世，他一直认为他到达的是印度。

后来，一个叫亚美利加的意大利学者经过更多的考察，才知道哥伦布到达的这些地方不是印度，而是一个原来不为人知的新的大陆。

需要指出的是，虽然哥伦布发现了新大陆，但是这块大陆却用证实它是新大陆的人的名字命了名：亚美利加洲（即美洲）。

指南针在生活中的应用

当我们来到一个陌生的地方，常常因不能确认方位而焦虑。这时候，指南针就是帮助我们辨别方向最方便的工具之一。

如果你在野外探险，随身携带一个指南针会给你的行动带来很大的便利。利用指南针可探知自己所在的位置，还可探知前进的方向。

用指南针明确自己的位置

在实际生活中，想用指南针了解自己目前所处位置，一般需要以下几步：

（1）使实际地形和地图方向一致。

（2）在地图上找出两个可看出的目标物。

（3）将指南针的进行线（或长边）朝向其中的一个目标物。

（4）找到圆圈配合箭号和指针（北）相吻合。

（5）不改变圆圈的方向将其放在地图的北方位置。

（6）指南针的长边之尖端吻合地图上的目标物。

（7）沿圆圈的箭号和磁北线延长线画一条直线。

（8）针对另一目标依照同样的方法进行。两条线的交错处即是你当前所在位置。

用指南针探知前进的方向

在实际生活中，如果你处于行进状态，要想了解自己前进的方向，请这样使用指南针。

（1）使连接现在位置和目的地的直线吻合指南针的进行线（长边）。

（2）圆圈的箭号和磁北线平行（箭号在地图的上边部分）。

（3）将指南针从地图上拿开，拿在身体前面。

（4）扭转身体直到箭头和指针重叠。

（5）再重叠进行线的方向，此即等于地图的目标方向。

正确使用指南针

在使用指南针时一定要注意以下两个问题：

首先，务必用双手水平地拿着指南针。

其次，指南针要远离以下物品，才可避免磁针发生错乱，具体包括：指南针应离铁丝网10米远，高压线55米远，汽车和飞机20米远以及含有磁铁如磁性容器等10米远。

自带指南针的动物

自然界在长期进化的过程中，一些动物利用地球磁场的变化来辨别方向，它们体内好像安装了指南针，表现出许多神奇的、正确辨别方向的能力。

鸽子

大家都知道信鸽具有卓越的航行本领，它们能从2000千米以外的地方飞回自己的家。

实验证明，如果把一块小磁铁绑在鸽子身上，它就会惊慌失措，立即失去定向的能力；而把铜板绑在鸽子身上，却看不出对它有什么影响；当发生强烈磁暴的时候，或者飞到强大无线电发射台附近，鸽子也会失去定向的能力。

美国生物学专家卡杜拉·诺拉博士在2009年11月25日的《自然》杂志上发表了其研究报告，证实了鸽子的上喙确实具有一种能够感应磁场的晶胞，正是这种器官为鸽子的飞行导航。这个能够感应磁场的晶胞，就是其体内的指南针。

换言之，鸽子是利用体内的指南针来给自己导航的。

绿海龟

在大海中，绿海龟是著名的航海能手。每到春季产卵时，它们就从巴西沿海向坐落在南大西洋的阿森松岛游去。这座小岛全长只有几千米，距非洲大陆 1600 千米，距巴西有 2200 千米。然而，海龟却能准确无误地远航到达。产卵后，夏初时节，它们又会踏上返回巴西的征途。美国北卡罗来纳大学查珀尔希尔分校的肯洛曼研究小组发现，绿海龟对不同地理位置间的地磁场强度、方向的差别十分"敏感"，它们能通过地磁场为自己绘制一张地图，这表明绿海龟是利用体内的指南针来给自己导航的。

鳗鲡

在波涛汹涌的大海中，鱼儿是怎样辨别方向的呢？海水是导电的，当它在地球的磁场流动的时候就产生电流。于是，许多鱼儿便利用这个电流信号，敏感地校正自己的航行方向。

在美洲，有一种叫鳗鲡的鱼，它们习惯于航行到很远的地方产卵。产完卵后，

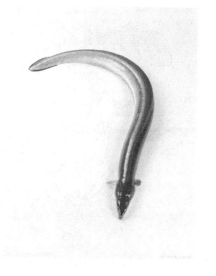

又返回原来的"基地"。

　　科学家对美洲的鳗鲡进行长期研究后发现，鳗鲡大脑能对微弱的电磁场作出反应。这表明鳗鲡是利用地磁场提供的信息来辨别方向的，即美洲的鳗鲡是利用体内的指南针给自己导航的。

蜜蜂

　　科学家曾观察到蜜蜂筑巢喜欢"南北朝向"，飞舞的方式也受周围磁场影响。有人曾将蜜蜂关在黑盒子里，用汽车送到三四千米以外将它们释放，结果蜜蜂仍可以回到自己的蜂巢。

1994 年，生物学家李家维经过长期的观察和研究，首次在蜜蜂腹部发现"超顺磁铁"，证实蜜蜂依靠这种"超顺磁铁"导引，随着地球磁场的变化而辨认方向。

可见，蜜蜂是利用体内的指南针给自己导航的。

鲸鱼

鲸鱼是海洋中的庞然大物，能在辽阔的大海中畅游。研究发现，鲸鱼也是利用体内的指南针给自己导航的。

2005 年 10 月 26 日，在澳大利亚塔斯马尼亚岛海滩，有大批鲸鱼集体搁浅。这一消息，让人们震惊：世代栖息在大海里的鲸群为什么会突然之间一反常态冲向海滩？难道它们在海水中迷路了吗？难道它们是在上演"集体自杀"的悲剧吗？

据统计，在过去近 100 年间，在澳大利亚塔斯马尼亚岛海滩共发生过数百起鲸鱼集体搁浅事件。用澳洲媒体的话说，塔斯马尼亚就像是鲸鱼群公认的墓地。为什么鲸鱼选择这里作为它们生命的归宿？

美国一位地质生物学家

发现，鲸鱼自杀的地点大多在地磁场较弱的地区。他认为，鲸鱼通常是顺着地磁场的磁力线方向游动的，而进入地磁场异常区的鲸鱼，往往还未反应过来就搁浅到沙滩上了。

相似的证据还有来自阿根廷学者对 1997 年马尔维纳斯群岛海岸约 300 头鲸鱼"集体自杀"事件的分析，认为当时太阳黑子的强烈活动引起了地磁场异常，发生了"地磁暴"，这破坏了正在洄游的鲸鱼的回波定位系统，令其犯下"方向性"错误。

对于鲸鱼"集体自杀"事件最原始的解释是：鲸鱼在追捕鱼群时，是按照鱼群的航行方向前行的。我们知道海水是导电的，当海水在地球磁场中流动的时候就会产生电流，而鱼就会利用这个电信号，矫正自己的航行方向。当鲸鱼为了追食鱼群而游进海湾，向着有较大斜坡的海滩发射超声波时，

回声往往误差很大，甚至完全接收不到回声，因此鲸鱼就会迷失方向。鲸鱼是恋群动物，如果有一条鲸鱼冲进海滩搁浅，其余的也会奋不顾身地跟随上去，因此造成群死群伤的悲剧。

神奇的天然指南针

莴笋

一种野生毒莴笋，它的叶面常和地面垂直并且平行于南北方向。人们称它为植物指南针，因为叶片的这种方向性真的与地磁场有关。

　　美国两位植物学家发现，这种植物生长在树荫下叶片的指南性会消失。当把它们种植在室内时，叶片也不"指南"。据此他们断定，阳光对于"指南性植物"的叶片的这种方向性起了重要的作用。同时他们还发现，这种"指南性"对植物的生长发育十分有利。正午时，由于叶片呈这种方向，叶面和阳光平行，仅叶边受到强阳光照射，比叶面和阳光垂直时叶温低，而且水分散失大为减少。而在清晨和黄昏时，因叶片处于这种位置，又可在不消耗大量水分的情况下获得较高的光合作用效益，真是一举两得。植物指南针叶片的这种方向性，对于其适应大草原夏季炎热、干旱等环境的条件是十分有意义的。

太阳

　　我们生活在北半球，除回归线以南地区，太阳光线总是从南面射过来。这样，南北方向便很容易确定。我们都知道太阳是东升西落，早晨太阳升起的方向是东，傍晚落山时的方

· 黄昏的太阳

向是西，中午时太阳在我们的南方。不过，这个方法你可别教条主义地应用，如果你身在南半球或回归线之间，情况又另当别论。

月亮

初三四的月牙，日落时在西方低空；初七八的半个月亮，太阳刚下山时在我们的头顶。月半时，太阳刚下山，月亮就从东方升起。

晚上月亮的方向是：上弦月，晚 6 点在南方，夜晚 12 点在西方。满月（14 日~18 日），晚 6 点在东方，晚 12 点在南方，第二天早晨 6 点在西方。下弦月，夜里 12 点在东方，第二天早晨 6 点在南方。

北极星

北极星是最好的指南针，北极星所在的方向便是正北方。

可是怎么找到北极星呢？其实只要找到大家熟悉的北斗七星就能很容易找到北极星了。北斗七星像一柄勺子，将勺柄上的两颗星连接起来，在其延长线上有一颗比较亮的星，那就是北极星了。

在与北极星相对的地方，还有一个仙后星座，形状像英文字母 W，用它也可以帮助我们找北极星。

晚上 8 点钟左右，如果在 2 月至 8 月可以用大熊星座找北极星，在 12 月至 1 月，则依靠仙后座比较好找。

树木

树木是日常生活中最常见的天然指南针。

在北回归线以北，阳光从南面射过来，树木南面得到太阳的热量比北面的多些，因此独立生长的树木向南

的树枝生长繁茂一些、粗壮一些，而向北的树枝则稀疏、细弱些。

另外，通过年轮也可以判别方向。年轮宽的朝南，密的朝北。因为南面生长比北面快，年轮圈与圈的间隔也宽些。

积雪

以我们所处的北半球为例，南面山坡上的积雪要紧密些，呈颗粒状；北面山坡上的积雪要松软、干燥些。积雪融化时，南面山坡的积雪比北面的更容易融化。据此，我们可以很容易辨别方向，因此积雪也具有指南针的作用。

苹果

　　通过挂在树上的苹果，也可以轻松辨别方向。苹果红的一面是南方，青的一面是北方。

现代指南针

数字指南针

电子罗盘，也叫数字指南针，是利用地磁场来定北极的一种方法。古代称为罗经的罗盘，靠罗盘上磁针的指向来确定方位，而现代电子罗盘是将磁针的指向信息数字化来告之方位。电子罗盘的数字化是靠先进加工工艺生产的磁阻传感器来实现的。

电子罗盘是一种重要的导航工具，当前大多数的导航系统都使用某种类型的电子罗盘来指示方向。电子罗盘依靠地球磁场，其角度上的精确度可以高于 $0.1°$。高端磁场传感器和磁力计可为电子罗盘提供完整的解决方案。

电子罗盘可以分为平面电子罗盘和三维电子罗盘。平面电子罗盘要求用户在使用时必须保持罗盘的水平。当罗盘发生倾斜时，也会给出航向的变化，而实际上航向并没有变化。虽然平面电子罗盘对使用条件要求很高，但如果能保证罗盘所附载体始终水平的话，平面罗盘是一种性价比很好的选择。三维电子罗盘克服了平面电子罗盘在使用中的严格限制，因为三维电子罗盘在其内部加入了倾角传感器，如果罗盘发生倾斜时可以对罗盘进行倾斜补偿，这样即使罗盘发生倾斜，航向数据依然准确无误。有时为了克服温度漂移，罗盘也可内置温度补偿，最大限度减少倾斜角和指向角的温度漂移。

电子罗盘有着传统针式和平衡架结构罗盘所没有的许多优点，有时甚至比全球定位系统（GPS）还有用。

因为在高楼林立城区和植被茂密的林区，全球定位系统信号的有效性仅为60%，并且在静止的情况下，全球定位系统也无法给出航向信息。为弥补这一不足，可以采用组合导航定向的方法。电子罗盘可以对全球定位系统信号进行有效

·高精度电子罗盘

补偿，保证导航定向信息 100% 有效，即使是在全球定位系统信号失锁后也能正常工作，做到"丢星不丢向"。

太空中的指南针

卫星导航系统简介

指南针对世界文明的发展作出了巨大的贡献，但是由于地磁场分布不均，指南针的使用受到了很大限制。为了适应社会各方面的发展和需要，卫星导航系统（Satellite Navigation System）应运而生。

卫星导航系统由三部分组成，分别是导航卫星、地面台站和用户定位设备。

导航卫星（Navigation Satellite）是卫星导航系统的空间部分，由多颗导航卫星构成空间导航网。

地面台站主要是跟踪、测量和预报卫星轨道，并对卫星上设备工作进行控制管理，通常包括跟踪站、遥测站、计算中心、注入站及时间统一系统等部分。

用户定位设备主要包括接收机、定时器、数据预处理器、计算机和显示器等。

卫星导航系统是如何实现导航的

导航卫星装有专用的无线电导航设备，通过时间测距或多普勒测速，分别获得用户相对于卫星的距离或距离变化率等导航参数，同时还根据卫星发送的时间、轨道参数，求出在定位瞬间卫星的实时位置坐标，从而定出用户的地理位置的二维（或三维）坐标和速度矢量分量。

由多颗导航卫星构成导航卫星网（导航星座），具有全球和近地空间的立体覆盖能力，可以实现全球无线电导航。

世界上有哪些卫星导航系统

目前，世界上有四大核心卫星导航系统，它们分别是：

（1）全球定位系统（GPS）

20世纪70年代，由美国陆、海、空三军联合研制新一代空间卫星导航定位系统，即全球定位系统（GPS）。

全球定位系统由三部分构成：

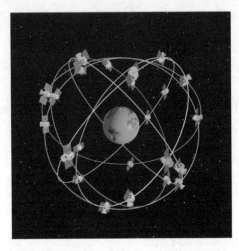

·全球定位系统

地面控制部分，由主控站（负责管理、协调整个地面控制系统的工作）、地面天线（在主控站的控制下，向卫星注入寻电文）、监测站（数据自动收集中心）和通讯辅助系统（数据传输）组成。

空间部分，由24颗卫星组成，分布在6个道平面上。

用户装置部分，主要由全球定位系统接收机和卫星天线组成。

全球定位系统的主要特点有：

其一，全天候。

其二，全球覆盖。

其三，三维定速定时高精度。

其四，快速省时高效率。

其五，应用广泛多功能。

全球定位系统的主要用途如下：

其一，陆地应用，主要包括车辆导航、应急反应、大气物理观测、地球物理资源勘探、工程测量、变形监测、地壳运动监测、市政规划控制等。

其二，海洋应用，包括远洋船最佳航程航线测定、船只实时调度与导航、海洋救援、海洋探宝、水文地质测量以及海洋平台定位、海平面升降监测等。

其三，航空航天应用，包括飞机导航、航空遥感姿态控制、低轨卫星定轨、导弹制导、航空救援和载人航天器防护探测等。

全球定位系统卫星接收机种类很多，根据型号分为测地型、全站型、定时型、手持型、集成型；根据用途分为车载式、船载式、机载式、星载式、弹载式。

（2）欧洲伽利略定位（GALILEO）系统

伽利略定位系统是欧空局与欧盟在1999年合作启动的，该系统民用信号精度最高可达1米。

计划中的伽利略定位系统由30颗卫星组成，在2005年12月28日，首颗实验卫星Glove－A发射成功，第二颗实验卫星Glove－B在2007年4月27日由俄罗斯联盟号运载火箭于哈萨克斯坦的拜科努尔基地发射升空。另外，还有4颗在轨验证（IOV）卫星正在生产之中，将于近期发射入轨。

（3）俄罗斯全球导航卫星（GLONASS）系统

俄罗斯的全球导航卫星系统（Global Navigation Satellite System，简写GLONASS），是苏联国防部于20世纪80年代初开始建设的全球卫星导航系统。该系统耗资30多亿美元，于1995年投入使用，现在由俄罗斯联邦航天局管理。全球导航卫星系统继全球定位系统之后，成为第二个军民两用型的全球卫星导航系统。

（4）中国北斗导航（COMPASS）系统

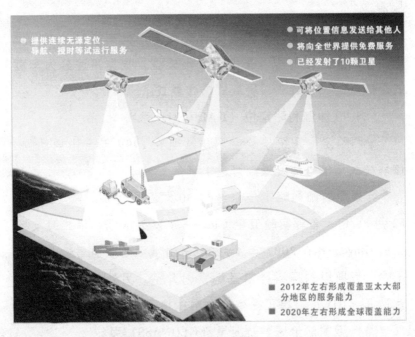

中国卫星定位产业的发展速度有目共睹，市场规模从2000年的不到10亿元增长到了2005年的120亿元。在此背景下，基于经济利益和国家安全的考虑，中国开始建设自己的北斗全球卫星定位导航系统。

● 提供连续无源定位、导航、授时等试运行服务

● 可将位置信息发送给其他人
● 将向全世界提供免费服务
● 已经发射了10颗卫星

■ 2012年左右形成覆盖亚太大部分地区的服务能力
■ 2020年左右形成全球覆盖能力

· 北斗全球卫星定位导航系统示意图

北斗全球卫星定位导航系统的空间段由5颗静止轨道卫星和30颗非静止轨道卫星组成，提供开放服务和授权服务两种模式。开放服务提供免费的定位、测速和授时，定位精度可以达到10米，授时精度50纳秒，测速精度0.2米/秒。授权服务提供更加安全精确的定位、测速和授时服务以及提供系统完好性信息。

根据系统建设总体规划，2012 年左右系统首先具备覆盖亚太地区的定位、导航和授时以及短报文通信服务能力；2020 年左右，建成覆盖全球的北斗卫星导航系统。

后　记

　　指南针是我国的四大发明之一。它的发明凝结着中国古代人民的聪明与智慧，是中华民族引以为荣的财富。指南针的发明对于人类的文明与进步，起到了不可估量的作用。

　　指南针发明之后，就人类个体而言，无论身在何处，都不用担心迷失方向，而能明确自己所处的方位；对于社会来说，拓展了人们的视野，实现了"海内存知己，天涯若比邻"的理想，促进了不同文化的交流，推动了社会的文明与进步。

　　在高科技迅猛发展的今天，指南针的历史地位和作用是不会随着卫星导航的出现而降低的，相反，此刻人们更加珍视它的诞生，更愿意从多角度回味它的发明历程与历史功绩。